I0115456

STATUTS

DE LA SOCIÉTÉ

LA CONFÉRENCE PARLEMENTAIRE

L⁵⁵
40752.

LA

CONFÉRENCE PARLEMENTAIRE

DÉPÔT LÉGAL
Seine
N° 2364
1892

TITRE I

Constitution de la Conférence.

ARTICLE 1er. — La Conférence, délibérant sous la forme d'assemblée parlementaire, s'occupera des questions de législation, de diplomatie et d'économie politique. Les réunions auront lieu du 1er novembre au 15 juin.

Toute discussion sur la forme du Gouvernement de 1875 sera interdite.

TITRE II

Des membres de la Conférence.

ART. 2. — Les membres sont admis sur la présentation de deux membres ; le Président fait part des présentations à la Conférence et les fait publier au bulletin des ordres du jour.

La candidature est soumise au Conseil d'administration qui examine les titres des candidats et propose à la Conférence l'admission de ceux qu'il n'a pas cru nécessaire d'écarter.

ART. 3. — La qualité de membre honoraire pourra être conférée par un vote spécial de la Conférence rendu sur la proposition de dix membres.

TITRE III

De l'administration de la Conférence.

Chapitre I. — Du Bureau.

Art. 4. — Le Bureau se compose :

D'un Président ;

De deux Vice-Présidents ;

De quatre Secrétaires.

Le Président est élu pour un an. Il peut être choisi en dehors de la Conférence.

Les Vice-Présidents et les Secrétaires sont élus par l'Assemblée dans la deuxième séance de novembre et renouvelés dans la deuxième séance de mars.

L'élection a lieu successivement pour chaque ordre de fonctions. La majorité absolue est nécessaire au premier tour de scrutin ; la majorité relative suffit au second. En cas de partage égal de voix au deuxième tour, le membre le plus ancien est élu.

Les Vice-Présidents et Secrétaires ne sont pas rééligibles à la fonction qu'ils occupaient, mais ils peuvent être promus à une fonction supérieure.

Art. 5. — Le Président ouvre, suspend et lève les séances, accorde la parole aux membres qui la demandent régulièrement, pose les questions et annonce les résultats des votes de la Conférence.

Il peut accorder aux étrangers la permission d'assister aux séances.

En cas d'absence du Président, les Vice-Présidents le remplacent. A défaut des Vice-Présidents, le doyen des membres présents préside.

Les Secrétaires rédigent les procès-verbaux et en donnent

lecture. Ils comptent ostensiblement les votes et tiennent note des décisions prises.

En l'absence des Secrétaires, ils sont suppléés par des membres délégués à cet effet par le Président.

Chapitre II. — Du Conseil d'administration et du Trésorier.

Art. 6. — Tout ce qui concerne l'administration de la Conférence, son budget, l'ordre de ses travaux, l'application du présent règlement, est réglé par le Conseil d'administration.

Le Conseil d'administration se compose :

> Du Président de la Conférence, président ;
> Du Trésorier ;
> De quatre membres élus tous les ans.

Les membres du Conseil d'administration sont indéfiniment rééligibles.

Le Conseil d'administration nomme un Trésorier qui est spécialement chargé de l'administration financière. Il fait opérer les recouvrements, a la garde de la caisse, et solde les dépenses de la Conférence.

Le Trésorier est nommé pour un an et indéfiniment rééligible.

Le Conseil d'administration fera son règlement intérieur ; il délibère valablement au nombre de trois membres.

Chapitre III. — Interpellations et Discussions relatives au règlement.

Art. 7. — Nulle proposition relative au règlement ne peut être discutée dans la Conférence si elle n'a été présentée par cinq membres et prise en considération par le Conseil d'administration, à moins qu'elle ne soit signée par vingt membres au moins.

Art. 8. — Des interpellations peuvent être adressées aux membres du Bureau, au Conseil d'administration ou à toute personne chargée d'une fonction administrative dans la Conférence.

La demande d'interpellation doit être signée par dix membres au moins et remise au Président qui en donne lecture.

La discussion des interpellations est terminée par l'adoption de l'ordre du jour pur et simple ou d'un ordre du jour motivé.

CHAPITRE IV. — REVENUS ET DÉPENSES DE LA CONFÉRENCE.

ART. 9. — Les revenus de la Conférence se composent :
De la cotisation annuelle qui est fixée à 20 francs ;
Des dons et legs.

La cotisation doit être payée dans le mois qui suit l'ouverture de la session, et par les nouveaux membres dans le mois de leur admission. Elle est due intégralement par tout membre admis ou démissionnaire dans le courant de la session.

ART. 10. — Au commencement de chaque session, le Conseil d'administration présente à l'approbation de la Conférence l'état des recettes et des dépenses de la session précédente.

TITRE IV

CHAPITRE I. — DU PRÉSIDENT DE LA RÉPUBLIQUE ET DES MINISTRES.

ART. 11. — Le Président de la Conférence a toutes les attributions qui sont dévolues au Président de la République d'après les lois constitutionnelles de 1875.

ART. 12. — Les attributions des Ministres sont réglées par les lois constitutionnelles de 1875.

Le nombre des Ministres est fixé au maximum à sept.

Les Ministres ne peuvent faire partie ni du Bureau, ni d'une Commission.

CHAPITRE II. — DES PROJETS DE LOIS PRÉSENTÉS A L'ASSEMBLÉE.

ART. 13. — Les projets de lois présentés au nom du Gouvernement sont déposés par un des Ministres sur le bureau de l'Assemblée, après lecture, si l'Assemblée l'ordonne.

ART. 14. — Les projets sont renvoyés aux Commissions compétentes dont les rapports sont déposés sur le Bureau de l'Assemblée, après lecture s'il y a lieu. Le Président propose et l'Assemblée fixe le jour de la discussion.

ART. 15. — La délibération porte d'abord sur l'ensemble du projet, puis sur les articles du projet et les amendements qui s'y rapportent.

Il est procédé au vote sur chaque article. Avant le vote définitif du projet tout membre a droit de présenter des considérations générales pour l'adoption ou pour le rejet.

Les amendements sont rédigés par écrit et remis au Président.

L'Assemblée ne délibère sur aucun amendement, si après avoir été développé il n'est appuyé.

ART. 16. — Le résultat des délibérations de l'Assemblée est proclamé par le Président en ces termes : *l'Assemblée a adopté* ou *l'Assemblée n'a pas adopté*.

CHAPITRE III. — DES PROPOSITIONS,
DES QUESTIONS AUX MINISTRES, DES INTERPELLATIONS.

ART. 17. — Toute proposition faite par un membre de l'Assemblée est formulée par écrit. Elle est remise au Président qui en donne connaissance à l'Assemblée.

A la séance suivante, l'auteur de la proposition la motive très sommairement à la tribune et l'Assemblée statue immé-

1.

diatement sur la prise en considération. Si la prise en considération est prononcée, la proposition de loi est renvoyée à la
Commission compétente.

ART. 18. — L'auteur d'une proposition peut toujours la re-
tirer, même quand la discussion est ouverte. Mais si un autre
membre reprend cette proposition, la discussion continue.

ART. 19. — Les propositions de loi rejetées ou non prises
en considération par l'Assemblée ne peuvent être représen-
tées dans le courant de la même session.

ART. 20. — Le Président accorde la parole à tout membre
de l'Assemblée qui veut poser une question à un Ministre, si
le Ministre y consent. L'auteur de la question ne peut parler
plus de deux fois, les autres membres n'ont pas le droit d'in-
tervenir.

ART. 21. — Tout membre de l'Assemblée qui veut faire
une interpellation en remet la demande écrite au Président.
Cette demande explique sommairement l'objet de cette interpellation. Le Président en donne lecture à l'Assemblée. L'Assemblée après avoir entendu un des membres du Gouvernement fixe par assis et levé le jour où les interpellations seront
faites.

ART. 22. — Deux séances par mois seront réservées à la
discussion des projets de loi, à l'exclusion de toute interpellation.

ART. 23. — Aucun ordre du jour motivé sur les interpellations ne peut être présenté s'il n'est rédigé par écrit et déposé
sur le bureau du Président qui en donne lecture. L'ordre du
jour pur et simple, s'il est réclamé, a toujours la priorité.

ART. 24. — Les demandes d'interpellations retirées par ceux
qui les ont faites, peuvent être reprises par un autre membre.

Chapitre IV. — De la Déclaration d'urgence.

Art. 25. — Quand l'urgence est demandée en faveur d'un projet ou d'une proposition de loi il sera statué immédiatement sur la proposition d'urgence. Si l'urgence est prononcée le rapport de la Commission devra être déposé dans le délai d'un mois, et la discussion du projet ou de la proposition sera inscrite en tête de l'ordre du jour de la séance qui suivra le dépôt, à moins que l'Assemblée n'en décide autrement.

Chapitre V. — Des Commissions.

Art. 26. — Les Commissions sont nommées par le Président de l'Assemblée ainsi que les Présidents de ces Commissions, sauf pour la Commission des finances et les Commissions extraordinaires.

Les Commissions ne peuvent être composées de plus de neuf membres.

Art. 27. — La Commission des finances est composée de quinze membres et est élue chaque année dans la première séance de décembre.

Art. 28. — Des Commissions extraordinaires pourront être créées par un vote spécial de l'Assemblée.

Art. 29. — Les Présidents convoquent leur Commission. En cas de partage, ils ont voix prépondérante. En leur absence la Commission est présidée par le plus ancien de ses membres.

Les auteurs des propositions et les Ministres compétents sont toujours convoqués spécialement pour chaque séance, et doivent être entendus.

Art. 30. — Les Commissions délibèrent valablement au

nombre de quatre membres. Elles sont tenues de présenter leurs rapports dans un délai de trois mois, lorsque l'Assemblée n'a pas fixé un autre délai.

TITRE V

Chapitre I. — De l'Ordre des séances.

Art. 31. — Avant de passer à l'ordre du jour, le Président donne connaissance à l'Assemblée des communications qui la concernent.

Art. 32. — Aucun membre de l'Assemblée ne peut parler qu'après avoir demandé la parole au Président et l'avoir obtenue.

L'orateur parle à la tribune, à moins que le Président ne l'autorise à parler de sa place.

Les orateurs ne pourront en aucun cas conserver la parole plus d'une demi-heure.

Art. 33. — Les Secrétaires inscrivent pour la parole les membres de l'Assemblée suivant l'ordre de leur demande.

L'inscription ne peut se faire qu'après le dépôt du rapport.

Le Président donne alternativement la parole à des orateurs qui parleront contre et à des orateurs qui parleront pour.

Art. 34. — Les Ministres et les rapporteurs chargés de soutenir la discussion des projets de lois, ne sont pas assujettis à l'ordre d'inscription, et obtiennent la parole quand ils la réclament.

Art. 35. — Un membre du Gouvernement a toujours le droit de se faire entendre.

Un membre de l'Assemblée peut toujours obtenir la parole après un orateur du Gouvernement.

Art. 36. — L'orateur doit se renfermer dans la question. S'il s'en écarte, le Président l'y rappelle.

Aucun membre de l'Assemblée ne peut obtenir la parole sur le rappel à la question.

Si l'orateur rappelé deux fois à la question dans le même discours continue à s'en écarter, le Président consulte l'Assemblée pour savoir si la parole ne sera pas interdite à l'orateur pendant le reste de la séance sur le même sujet. La décision a lieu sans débats, par assis et levé ; en cas de doute, la parole n'est pas interdite à l'orateur.

Art. 37. — Nul ne parle plus de deux fois sur la même question, à moins que l'Assemblée n'en décide autrement.

Art. 38. — La parole est accordée à tout membre de l'Assemblée qui la demande pour un fait personnel.

Art. 39. — Toute interruption, toute personnalité, toute manifestation troublant l'ordre sont interdites.

Art. 40. — La question préalable, c'est-à-dire la déclaration qu'il n'y a pas lieu à délibérer, peut toujours être proposée. Elle peut être motivée sommairement à la tribune. L'auteur de la proposition à l'égard de laquelle la question préalable est demandée a le droit d'être entendu. L'Assemblée prononce sans débats.

Art. 41. — La réclamation d'ordre du jour, de priorité et de rappel au règlement ont la préférence sur la question principale. Elles en suspendent la discussion sans que l'orateur puisse être interrompu.

Art. 42. — Avant de prononcer la clôture de la discussion, le Président consulte l'Assemblée.

Si la parole est demandée contre la clôture, elle doit être accordée, mais elle ne peut l'être qu'à un seul orateur.

S'il y a doute sur le vote après une deuxième épreuve, la

discussion continue. La clôture prononcée, la parole n'est plus accordée que sur la position de la question.

ART. 43. — Le Président, avant de prononcer la clôture de la séance, consulte l'Assemblée sur les objets de discussion de sa prochaine séance.

Chapitre II. — Des Votations.

ART. 44. — L'Assemblée vote sur les questions soumises à ses délibérations par mains levées, par assis et levé ou au scrutin public.

ART. 45. — Le vote par mains levées est de droit sur toutes les questions, sauf les exceptions prévues par le règlement.

Le vote par mains levées est constaté par le Président et les Secrétaires. S'ils décident qu'il y a doute, une nouvelle épreuve a lieu par assis et levé.

ART. 46. — Nul ne peut obtenir la parole lorsque le vote est commencé et entre deux épreuves.

ART. 47. — Le scrutin public a lieu quand la demande en est remise au Président par cinq membres ou que le Bureau a déclaré douteuse l'épreuve par assis et levé. Il a lieu par bulletins signés et les résultats en sont publiés.

Il peut être demandé, même après que le vote par assis et levé a eu lieu et ce vote est alors annulé de plein droit, pourvu que la demande soit faite immédiatement et avant que l'Assemblée n'ait commencé une autre discussion.

ART. 48. — Les propositions soumises au vote ne sont adoptées que si elles ont réuni la majorité absolue des suffrages exprimés.

ART. 49. — Les projets de lois et propositions sont votés

par article. La délibération est toujours terminée par un vote sur l'ensemble.

Art. 50. — Les contre-projets et les amendements sont mis aux voix avant la proposition principale. Entre différents amendements ou contre-projets, celui qui s'écarte le plus du projet de la Commission est mis aux voix le premier. Toutefois l'Assemblée peut toujours fixer l'ordre de priorité de la manière qu'elle juge le plus favorable à la manifestation des opinions.

L'Assemblée pourra toujours renvoyer à la Commission le projet en discussion et dans ce cas la délibération sera suspendue.

Art. 51. — Dans les questions complexes, la division a lieu de droit quand elle est demandée.

Chapitre III. — De la discipline.

Art. 52. — Les peines disciplinaires applicables aux membres de l'Assemblée sont :

Le rappel à l'ordre ;

Le rappel à l'ordre avec inscription au procès-verbal ;

La censure.

Art. 53. — Est rappelé à l'ordre tout orateur qui s'en écarte, tout membre de l'Assemblée qui trouble l'ordre par une des infractions au règlement prévues dans l'article 39 ou de toute autre manière ;

Est rappelé à l'ordre avec inscription au procès-verbal tout membre de l'Assemblée qui dans la même séance aura encouru un premier rappel à l'ordre.

Lorsqu'un orateur a été rappelé à l'ordre deux fois dans la même séance, le Président peut proposer à l'Assemblée de lui interdire la parole pour le reste de la séance.

L'Assemblée prononce à mains levées, sans débats.

Art. 54. — La censure est prononcée :

Contre tout membre qui, après le rappel à l'ordre avec inscription au procès-verbal ne sera pas rentré dans le devoir ;

Contre tout membre qui dans l'Assemblée aura donné le signal d'une scène tumultueuse ou d'une abstention collective des travaux de l'Assemblée ;

Contre tout membre qui aura adressé à un ou plusieurs de ses collègues des injures, provocations ou menaces.

La censure est prononcée sans débats, à mains levées, sur la proposition du Président.

Le membre de l'Assemblée contre qui cette peine disciplinaire est demandée, s'il se soumet à l'autorité du Président, a toujours pour sa justification le droit d'être entendu ou de faire entendre en son nom un de ses collègues.

La décision de l'Assemblée prononçant la censure est inscrite au procès verbal.

Art. 55. — Si l'Assemblée devient tumultueuse, et si le Président n'y peut ramener le calme, il se couvre. Si le trouble continue, il annonce qu'il va lever la séance. Si le calme ne se rétablit pas, le Président suspend la séance.

Si lorsque la séance est reprise, le tumulte renaît, le Président lève définitivement la séance.

18

503. — PARIS — IMP. P. DUBREUIL, 16 & 18 BIS, RUE DES MARTYRS.

www.ingramcontent.com/pod-product-compliance
Lightning Source LLC
Chambersburg PA
CBHW060737280326
41933CB00013B/2679